Bibliografische Information der Deutschen Nationalbibliothek:

Die Deutsche Bibliothek verzeichnet diese Publikation in der Deutschen National-
bibliografie; detaillierte bibliografische Daten sind im Internet über http://dnb.d-
nb.de/ abrufbar.

Impressum:

Copyright © 2008 GRIN Verlag, Open Publishing GmbH
Druck und Bindung: Books on Demand GmbH, Norderstedt Germany
ISBN: 9783640551354

Benedikt Breitenbach

Aktive Satellitenbildaufnahmesysteme (Radar-Satelliten) II

GRIN Verlag

Johannes Gutenberg-Universität Mainz
Geographisches Institut
Wintersemester 2007/2008
Übung: Einführung in Geographische Informationssysteme (Kurs 3)
Abgabedatum: 09.04.2008

Aktive

Satellitenbildaufnahmesysteme

(Radar-Satelliten) II

vorgelegt von:
Benedikt Breitenbach

Studienfächer:
Geographie: 6. Semester (HF)
Meteorologie: 5. Semester (NF)
Publizistik: 3. Semester (NF)

Inhaltverzeichnis

AMI	Active Microwave Instrument
ARTEMIS	Advanced Relay and Technology Mission
ASAR	Advanced Synthetic Aperture Radar
DLR	Deutsches Zentrum für Luft- und Raumfahrt
EADS	European Aeronautic Defence and Space Company
ENVISAT	Environmental Satellite
ERS 1 & 2	European Remote-Sensing Satellite 1 & 2
ESA	European Space Agency
ESOC	European Space Operations Centre
GOME	Global Ozone Monitoring Experiment
IRR	Infrarot Radiometer
LCR	Laser Communication Terminal
LRR	Laser Retro Reflector
MERIS	Medium Resolution Imaging Spectrometer
MIPAS	Michelson Interferometer for Passive Atmospheric Sounding
MIRAVI	MERIS Images Rapid Visualisation
MWS	Microwave Sounder
PAC	Processing and Archiving Facilities
PRARE	Precise Range and Range-Rate Equipment
RA	Radar Altimeter
SAR	Synthetic Aperture Radar
SCIMACHY	Scanning Imaging Absorption Spectrometer for Atmospheric Chartography
TanDEM-X	TerraSAR-X add-on for Digital Elevation Measurement
TOR	Tracking Occultation and Ranging
TRM	Transmit/Receive Module

1. <u>Einleitung</u>

Die Beobachtung der Erdoberfläche liefert wichtige Aufschlüsse für das Verstehen von Prozessen unterschiedlicher Geosysteme auf der Erde. Die Fernerkundung gilt als berührungslose und schnelle Methode zur Betrachtung der Erde aus dem Weltall und ist deshalb mittlerweile zu einem Standardverfahren in vielen geowissenschaftlichen Bereichen geworden. Die Fernerkundungsdaten liefern heutzutage einen wesentlichen Beitrag zur Erfassung von Veränderungen der Erdoberfläche und ermöglichen Lösungen von Umweltproblemen. Hierzu zeichnen Fernerkundungssensoren seit fast drei Jahrzehnten kontinuierlich Informationen der Erdoberfläche sowie der Atmosphäre in unterschiedlichen Bereichen des elektromagnetischen Spektrums auf. Die erhobenen Daten dienen in Kombination mit atmosphärischen Parametern als Grundlage für die Beschreibung von Zuständen sowie der Modellierung von komplexen Systemen in den verschiedensten naturwissenschaftlichen Disziplinen. Entscheidende Voraussetzung für den operationellen Einsatz von Fernerkundungsdaten in diversen Anwendungsbereichen sind eine globale Abdeckung und eine ständige Verfügbarkeit sowie eine den Anwendungszielen entsprechende Auflösung. Hierzu haben sich optische Fernerkundungssysteme im operationellen Einsatz aufgrund sich ergebender Wolkenbedeckung oder Tageszeiten in der Vergangenheit als teilweise unbrauchbar erwiesen. Im Gegensatz zur optischen Erderkundung haben sich aktive Radarerkundungssatelliten mittels des sich an Bord befindlichen Synthetic Aperture Radar den Vorteil verschafft, von Wetter und Tageszeit unabhängig zu sein. Das Hauptaugenmerk dieser Hausarbeit liegt auf eine Reihe von zivilen Allwetter- und Erdbeobachtungssatelliten, die als primäre Nutzlast ein hochauflösendes abbildendes Synthetic Aperture Radar an Bord haben. Diesbezüglich wird der erste europäischen Fernerkundungssatelliten *ERS-1* aus dem Jahr 1991 und seinem Nachfolger *ERS-2* aus dem Jahr 1995 teil dieser Arbeit sein. Mit *ENVISAT* folgt ein Umweltsatellit zur ständige Überwachung des <u>Klimas</u>, des <u>Ozeans</u> und des <u>Ökosystems</u> der <u>Erde</u>. Als Gegenspieler zu ENVISAT folgt der zur ausschließlichen Erdbeobachtung konzipierte kanadische Erdbeobachtungssatellit *Radarsat*. Mit TerraSAR-X und TanDEM-X werden die ersten im Rahmen einer Public Private Partnership realisierten deutschen Fernerkundungssatelliten mit brillierender Auflösung in den Augenschein genommen. Bezüglich der Public Private Partnership wird auf die Finanzierung dieses

Raumfahrtsprojekt und dessen kommerziellen Verbreitung an Daten ein besonderes Augenmerk geworfen.

2. <u>European Remote Sensing Satellite 1 & 2</u>

Die Epoche der radargestützten Erdbeobachtung begann mit dem Satellitenstart des ERS-1 der europäischen Weltraumorganisation ESA am 17. Juli 1991. Zugleich war der mit 900 Mio. Euro teure ERS-1 der erste europäische Radarsatellite zur wissenschaftlichen Fernerkundung der Erde. Die Betriebsdauer des Satelliten war ursprünglich auf drei Jahre ausgelegt, jedoch übertraf diese um mehr als das Doppelte bis Juni 2000, als ERS-1 wegen eines technischen Defekts abgeschaltet werden musste. ERS-1 gilt nunmehr als Wegbereiter der Erd- und Umweltforschung aus dem Weltall. Sein nahezu baugleicher Nachfolger, der im Jahre 1995 gestartete ERS-2, setzt seitdem diese Arbeit bis heute hin fort und soll bis voraussichtlich 2008/09 in Betrieb sein.[1]

Nach den erfolgreichen Starts von ERS 1 & 2 wurden beide Radarsatelliten auf polarnahen sonnensynchrone Umlaufbahn in unterschiedlichen Höhen gebracht. Hierbei überfliegt ERS-1 die Erdoberfläche in 785 km Höhe und ERS-2 in 780 km Höhe mit jeweils einer Inklination von 98,52°. Die Satelliten benötigen für den Umlauf eines Orbits knapp 100 Minuten und überfliegen bereits nach 35 Tagen denselben Ort auf der Erde erneut. Zu dem Zeitpunkt als ERS-1 außer Betrieb genommen wurde, lieferte dieser nach rund 45.000 Erdumrundungen mehr als 1,5 Mio. SAR-Aufnahmen. Sein 550 Mio. Euro teurer Nachfolger funkte bereits bis 2001 mehr als 800.000 Aufnahmen an die Bodenstationen. Dank der hohen Verfügbarkeit von ERS-Radaraufnahmen ist es Wissenschaftlern möglich, beliebige Ausschnitte der Erdoberfläche mit unterschiedlichen Aufnahmezeitpunkten jederzeit anzufordern. Zu den Nutzern gehören Wissenschaftler und Forschungseinrichtungen, die ihre Daten im Zwecke der Wissenschaft kostenlos erhalten. Doch auch die Anzahl der Nutzer von kleinen Firmen bis hin zu Großunternehmen wachsen stetig pro Jahr an. Des Weiteren nutzen Wetterämter die Daten für Anwendung in ihren numerischen Modellen zur kundenspezifischen Wettervorhersage. Bislang wurden die Erwartungen der ERS-Daten mit einer jährlichen Steigerungsrate von bis zu 20 % weit übertroffen. ERS-Daten

[1] vgl. European Aeronautic Defence and Space Company (2006): 15 Jahre ERS-1 – Umweltforschung mit EADS SPACE.

sind Eigentum der ESA und könne nur über deren Vertriebsorganisation EURIMAGE erworben werden. Mit dem Start von ERS-2 wurde es zudem möglich, dass beide Satelliten eine Weile als Tandem operieren konnten (siehe dazu Kapitel 2.2: Tandem Mission ERS 1 & 2). Die zeitweise parallele Nutzung der ERS-Satelliten ermöglichte zu dieser Zeit ein vollkommen neuartiges revolutionäres Verfahren zur dreidimensionalen Geländedarstellung.[2]

2.1 Instrumentelle Ausstattung

An Bord der nahezu baugleichen Satelliten sind eine Vielzahl an Sensoren installiert worden, um eine Allwetterfernerkundung der Erde möglich machen zu können (siehe Abbildung 1. im Anhang). Das Besondere der an Bord von ERS 1 & 2 befindliche Radartechnik ist, dass unabhängig von Wolkenbedeckung und Tageszeit die Erdoberfläche abgelichtet werden kann. Den Zuschlag bekam im Auftrag der ESA das in mehreren europäischen Ländern operierende Raumfahrtunternehmen EADS SPACE, welches für die Entwicklung und Bau der sich an Bord von ERS 1 & 2 befindlichen Sensoren zuständig war. Auf den ersten Blick erscheint ERS-2 als eine Kopie seines Vorgängers. Allerdings ist dieser mit einem zusätzlichen Gerät ausgestattet, mit denen der Ozongehalt der Atmosphäre gemessen und das Wachstum der Vegetation besser verfolgt werden kann.[3] Die Aufgaben und Funktionalitäten der sich an Bord befindlichen Messgeräte werden nun im Folgenden erläutert.

Das *Radar Altimeter* ist ein aktiver Mikrowellensensor, welcher im Ku-Band bei 13,8 GHz in Nadirrichtung operiert. Das *RA* misst die Laufzeit der zum Meer und zu Glazialflächen ausgesandten und reflektierten Signale. Aus der Zeitdifferenz zwischen Sendung und Empfang der extrem kurzen Radarimpulse kann der Abstand zur Wasseroberfläche und Erdoberfläche mit einer Genauigkeit von bis zu 50 cm gemessen werden. Das *RA* kann in zwei alternierenden Beobachtungsmodi, entweder über Ozean oder Eis, Informationen über Wellenhöhe, Windgeschwindigkeit über Wasser, Meeresspiegelhöhe, Oberflächengeoid sowie verschiedenen Parameter über Meereis und Inlandeis liefern. Aus den gewonnen Informationen und Daten lassen sich globale Karten erstellen.[4]

---

[2] vgl. Bernd Leitenberger (o. J.): Zivile Radar Erderkundungssatelliten.
[3] vgl. Ebd..
[4] vgl. Lexikon der Fernerkundung (o. J.): Radar Altimeter.

Das passiv operierende *Along-Track Scanning Radiometer* besteht aus zwei Instrumenten, einem abbildenden *Infrarot Radiometer* und einem *Microwave Sounder*. Das IRR an Bord von ERS-1 arbeitet in vier Kanälen und misst die Temperaturen der Meeresoberfläche, der Wolkenoberseite und der Landoberfläche mit einer Genauigkeit von bis zu 0,3 °C. Beim IRR bei ERS-2 wurden zusätzliche Kanäle im sichtbaren Bereich zum Vegetationsmonitoring integriert. Daher ist es möglich im sichtbaren und kürzer welligen Infrarotbereich die Vegetation mit einer Raumauflösung von bis zu 1 km global zu erfassen. Das MWS misst in zwei Kanälen bei 23,8 GHz und 36,5 GHz in Nadirrichtung den Gesamtwasserhaushalt der Atmosphäre über einer Breite von 20 km.[5]

Das *Precise Range and Range-Rate Equipment* wurde unter der Projektleitung und mit Förderung der Deutschen Agentur für Raumfahrtangelegenheiten in Deutschland entwickelt. Hierbei handelt es sich primär um ein Bahnvermessungssystem zur exakten Positionsbestimmung des Satelliten, wobei es zugleich auch genauere Bestimmungen des Erdschwerefeldes ermöglicht. Des Weiteren können geophysikalische Prozesse, wie Kontinentaldriften oder Deformationen der Erdoberfläche im Bereich von Vulkanen kontinuierlich beobachtet werden. PRARE misst mittels eines Mikrowellensystems im S- und X-Band die Entfernungen und Dopplerverschiebungen zu Bodenstationen und erlaubt in einem globalen Messnetz die Positionsbestimmungen mit einer Genauigkeit im Zentimeterbereich. Auf eine weitere zukünftige Anwendung bestehen geringe Aussichten, da die jeweiligen Aufgaben mit anderen Mitteln einfacher zu lösen sind. Des Weiteren fiel bei der ersten ERS-Mission das PRARE kurze Zeit nach dem Start aus.[6]

Der *Laser Retro Reflector* operiert im Infrarot Bereich als passives optisches Instrument, welches lediglich als Reflektor für von den Bodenstationen ausgesandte Laserstrahlen dient. Der *LRR* nützt zur Bestimmung der präzisen Höhe des Satelliten im Orbit.[7]

Waren in der Vergangenheit alle Satelliteninstrumente zur Erforschung atmosphärischer Spurenstoffe lediglich auf die Stratosphäre beschränkt, so ist es nun mittels des *Global Ozone Monitoring Experiment* möglich auch die bodennahen Luftschichten zu untersuchen. Mittels des am Bord von ERS-2 befindlichen GOME können von nun an die atmosphärischen Spurenstoffe der Troposphäre von Ozon (O_3), Stickstoffdioxid

---

[5] vgl. European Space Agency (2006): MWS: Microwave Sounder.
[6] vgl. Informationsdienst Wissenschaft (1995): PRARE auf dem europäischen Fernerkundungssatelliten ERS-2.
[7] vgl. European Space Agency (2002): The ERS Mission.

(NO$_2$), Bromoxid (BrO), Chlordioxid (OClO), Formaldehyd (HCHO), Schwefeldioxid (SO$_2$), Wasserdampf (H$_2$O) sowie Sauerstoff (O$_2$) gemessen werden (siehe Abbildung 2. im Anhang). Die zu erforschenden Spurenstoffe werden mittels eines passiven Spektrometers im ultravioletten und im sichtbaren Spektralbereich in Nadirrichtung kenntlich gemacht. Hierbei operiert das GOME im vierkanaligen Wellenlängenbereich von 240 bis 790 nm bei einer hohen spektralen Auflösung von 0,2 bis 0,4 nm. Die hohe spektrale Auflösung ermöglicht es, die vielen schon zuvor genannten Spurenstoffe in der Atmosphäre nachzuweisen. Insbesondere können erstmals durch das neuartige Spektrometer alle drei relevanten Absorptionsbanden von Ozon abgedeckt werden. In einem Abstand von allen drei Tagen kann mittels GOME eine komplette Ozonwetterkarte erstellt werden, die aneinandergereiht im Zeitrafferfilm das dramatische Ausmaß des jährlichen Ozonlochs visualisiert. Hierzu werden täglich etwa 80.000 Einzelspektren aufgenommen, die jeweils 320 x 40 km^2 große Bereiche der Erdoberfläche überdecken.[8]

Mit dem aktiven Mikrowellensensor, dem *Wind Scatterometer*, ist es innerhalb von drei Stunden nach Erfassungszeitpunkt möglich Windgeschwindigkeiten und Windrichtungen zu messen. Hierbei erfasst das Scatterometer durch drei Antennen den Rückstreukoeffizienten in einem Raster von 25 x 25 km entlang eines 500 km breiten Streifens in einem nach vorne und hinten gedrehten Azimutwinkel von 45°. Neuerdings wird das ESR-Scatterometer vermehrt zur Extraktion von Informationen über die Bodenfeuchte in den obersten Bodenschichten herangezogen. Die erhaltenen Bodenfeuchtigkeitswerte sind ein relatives Maß des Wassergehaltes in den obersten 0,5 bis 2 cm des Bodens.[9]

Die Hauptnutzlast bei der ERS-Mission trägt insbesondere das sich an Bord befindlichen im C-Band bei 5,3 GHz arbeitende *Active Microwave Instrument*, welches in zwei Modi betrieben werden kann. Mittels des *Wind Scatterometer* erhält man Informationen über Windfelder und Meereswellen. Das *Synthetic Aperture Radar* liefert hingegen hoch auflösende Oberflächenaufnahmen. Das SAR sendet kurze Radarimpulse auf die Erde, die von der Erdoberfläche als reflektierender Impuls von der Antenne wieder empfangen werden. Hierbei werden Bodenaufnahmen über Land und Wasser mit einer Bodenauflösung von bis zu 30 m erstellt. Die Aufnahmen der Erdoberfläche erfolgen in einem 100 km breiten Streifen rechts zur Flugbahn in einem Abstand zum

---

[8] vgl. Ruprecht Karls Universität Heidelberg (2001): GOME – Unbestechliches Auge im All.
[9] vgl. Lexikon der Fernerkundung (o. J.): Scatterometer.

Nadir des Satelliten von 250 km mit einer Schrägansicht von 23° zur Senkrechten (siehe Abbildung 3. im Anhang).[10] SAR-Aufnahmen können wegen des hohen Energiebedarfs nur für maximal zwölf Minuten pro Orbit aufgezeichnet werden. Des Weiteren muss sich der Satellit zur Datenübertragung im Empfangsbereich einer Bodenstation befinden. Zur Erdbeobachtung kann das SAR in zwei Modi betrieben werden. Im *ImageMode* sendet das SAR mit Radarimpulse aus, die in vertikaler Polarisation gesendet und empfangen werden. Die Auflösung beträgt hierbei 30 m bei einer Streifenbreite bis zu 100 km. Beim Image Mode handelt es sich lediglich um das Standartprodukt der ESA. Die Aufnahmen können jedoch während der Prozessierung mehrere Bearbeitungsschritte durchlaufen und somit qualitativ aufgewertet werden. Bildausschnitte können als Rohprodukt, als Single-Look-Complex Daten, welche erste Kalibrierungsschritte durchlaufen haben, als Precision-Image-Daten, die bereits entzerrt sind, oder als Geocoded-Image, die zusätzlich geokodiert sind, bestellt werden. Im zweiten Modi, dem *Wave Mode*, werden die identischen Streifen und dieselbe Polarisation wie beim Image Mode verwendet. Allerdings wird nicht der komplette Streifen aufgezeichnet, sondern nur kleine Teile dieses Ausschnittes in 5 x 5 km Größe. Der Vorteil dieser Aufnahmemethode liegt in den kleinen produzierten Datenmengen, die satellitenintern gespeichert werden können und somit den Datentransfer zwischen Satellit und Empfangsstation entlasten.[11] Der Zugriff an ERS-Radaraufnahmen wird in drei Benutzerkategorien unterschieden. Die erste Kategorie umfasst die der Wissenschaftler, denen der Datenzugriff kostenlos für Forschungszwecke zur Verfügung gestellt wird. In der zweiten Kategorie wird der Zugriff auf Informationen mit eingeschränkten Nutzungsrechten gewährt. Zu den Benutzern dieser Kategorie gehören vor allem öffentliche Einrichtungen. Alle anderen Nutzer fallen in die dritte Kategorie. Diese erhalten nur über den kommerziellen Betreiber Zugriff auf Informationen und müssen dafür den Marktpreis zahlen. Eine Archivaufnahme von ERS im Image Mode kostet zwischen 150 und 400 Euro. Für eine aktuelle Aufnahme wird für das identische Produkt bereits bis zu 600 Euro verlangt. Je nach Wunsch und Dringlichkeit werden bei Datenbearbeitungen innerhalb zwölf Stunden Aufpreise von bis zu 1.000 Euro verlangt. Wenn der Satellit zudem noch zur Datenaufnahme extra

---

[10] vgl. Rheinische Friedrich-Wilhelms-Universität Bonn (o. J.): Fernerkundung mit Radarinterferometrie.
[11] vgl. Ludwig-Maximilians-Universität München (2006): Nutzung satellitengestützter SAR-Daten und des CMOD4-Modells zur Untersuchung des lokalen Windfeldes in der Umgebung von Offshore-Windparks.

programmiert werden muss, fallen je nach Vorlaufzeit noch einmal zwischen 100 und 800 Euro an.[12]

2.2 **Radar Interferometrie - Tandem Mission ERS 1 & 2/SRTM**

Der parallele Einsatz von ESR 1 & 2 in den Jahren 1995/1996 ermöglichte eine neue Form der Radar-Interferometrie auszutesten. Innerhalb von nur 24 Stunden konnte über der gleichen Region in leicht unterschiedlichen Positionen und zu unterschiedlichen Zeiten das ein und dasselbe Gebiet zweimal aufgenommen werden. Mittels der Interferometrischen Daten konnten Bewegungen der Erdoberfläche und von Objekten gemessen werden. Insbesondere wurde diese Technik dazu genutzt, Erbeben und regionale Verformungen zu untersuchen, vulkanische Aktivitäten und Bewegungen von Eis und Eisschollen zu beobachten, sowie Umweltveränderungen durch Hangrutschungen und Absenkungen zu überwachen. Des Weiteren wurde es erstmals möglich, das Fließverhalten von unzugänglichen Gletschern zu ermitteln oder durch Untertagebau verursachte Erdabsenkungen zu messen (siehe Abbildung 4. im Anhang).[13]

Bereits 1994 hatte die Endeavour die Vielseitigkeit von Radaraufnahmen unter Beweis gestellt. Mit den amerikanischen Radarsystemen SIR-C und dem deutsch-italienischen Gemeinschaftsprojekt des X-SAR ausgestartet, startete die Endeavour im Frühling und Herbst für jeweils elf Tage in den Orbit. Um anschließend ein dreidimensionales Bild erstellen zu können, kombinierten die Wissenschaftler deshalb einfach die zwei unterschiedlichen Radarbilder desselben Gebietes miteinander. Bei der im Jahre 2000 folgenden elftägigen Shuttle Radar Topography Mission war es erstmals möglich eine einheitliche dreidimensionale Darstellung der Erdoberfläche zu erzeugen. Ziel der Mission war die nahezu gesamte Landmasse der Erde zwischen dem 60° nördlicher und dem 56° südlicher Breite zu vermessen. Das SIR tastete die Erde in einem 225 km breiten Streifen ab und erreichte somit das zuvor angestrebte Ziel. Das SAR nahm hingegen nur in 50 km breiten Streifen die Erdoberfläche auf. Hierbei wurden lediglich 40 % der überflogenen Landmassen erfasst. Jedoch erzielte das SAR eine deutlich bessere Höhengenauigkeit von sechs Metern gegenüber den zehn Metern beim SIR mit einer Auflösung von 30 x 30 m. Anders als bei der Vorgängermission im Jahre 1994,

---

[12] vgl. Geoserve (2004): ERS-SAR Preise.
[13] vgl. European Aeronautic Defence and Space Company (2006): 15 Jahre ERS-1 – Umweltforschung mit EADS SPACE.

waren in der Ladebucht der Endeavour bereits beide Antennen zum Senden und Empfangen installiert. Nach dem Start wurde in der Umlaufbahn ein zusätzlicher 60 m langer Mast ausgefahren, an dessen Spitze zwei weitere Antennen für den Empfang befestigt waren. Beide Antennenpaare empfingen die zurückkehrenden Radarsignale aufgrund ihrer unterschiedlichen Position in einem kleinen zeitlichen Abstand. Auf diese Weise entstanden von jedem Punkt des vermessenen Geländes zwei unterschiedliche Radaraufnahmen. Aus der Differenz bestimmten Computer später über aufwändige Rechenverfahren die Geländehöhe. Diese Werte konnten dann in dreidimensionale Karten umgesetzt werden (siehe Abbildung 5. im Anhang). Die digitalen Höhenmodelle ermöglichten eine technische Revolution für Umweltschutz, Navigation, Telekommunikation und Landschaftsplanung.[14]

3. __Environmental Satellite__

Mit dem Start des *Environmental Satellit*e am 1. März 2002 sollen die bisherigen erfolgreichen Missionen von ERS-1 und ERS-2 im neuen Jahrtausend weiter geführt werden. ENVISAT umkreist die Erde etwa alle 100 Minuten in einer nahezu polaren Umlaufbahn in 800 km Höhe. Mit seiner Nutzlast aus zehn sich ergänzenden Instrumenten erweitert die Mission deutlich das Anwendungsspektrum der ERS-Satelliten. ENVISAT ist bisher der größte in Europa gebaute Erdbeobachtungssatellit. Über eine Projektdauer von mehr als zehn Jahren beliefen sich die Kosten von Entwicklung und Planung über Bau und Start auf über 2,3 Milliarden Euro. Die Betriebsdauer des Umweltbeobachtungssatelliten war ursprünglich auf fünf Jahre ausgelegt, aber aufgrund der zuverlässigen Arbeit und der erkenntnisreichen Daten wird die Mission bis ins Jahr 2010 fortgeführt.[15] Die Steuerung des Satelliten erfolgt vom ESA-Kontrollzentrum ESOC in Darmstadt. ENVISAT dient primär zum Zwecke der Umweltforschung und soll den Wissenschaftlern zu einem „besseren Verständnis der globalen Erwärmung, (...), des Klimawandels und des Ozonabbaus, sowie der Veränderungen in den Ozeanen, der Eis- und Vegetationsdecke und in der

---

[14] vgl. Deutsches Zentrum für Luft- und Raumfahrt (2000): Die Shuttle Radar Topography Mission (SRTM). S. 4-8.
[15] vgl. Stein, Michael (2002): ENVISAT - Eine Missionsübersicht.

Zusammensetzung der Atmosphäre verhelfen"[16]. Die von ENVISAT erhobenen wissenschaftlichen Daten werden zunächst in einem 160 GBit großen Zwischenspeicher gepuffert, bis diese dann über zwei jeweils 100 MBit/Sek. schnelle Funkverbindungen zu den ESA-Empfangsstationen in Kiruna/Schweden und Fucion/Italien übermittelt werden. Die Bodenstationen sind lediglich bei jedem Umlauf des Satelliten nur für etwa zehn Minuten zur Datenübertragung fähig. Mit dem Start des europäischen Kommunikationssatelliten ARTEMIS im Jahre 2001 wurde es möglich bis zu 45 Minuten je ENVISAT-Orbit Daten von dem Erdbeobachtungssatelliten zur Erde zu übertragen. Hierbei dient ARTEMIS in seiner geostationären Umlaufbahn als Relaisstation für ENVISAT. Innerhalb spätestens von nur drei Stunden nach Erhebung werden die Messwerte den Wissenschaftlern auf der Erde zur Verfügung stehen. [17]

3.1 Instrumentelle Ausstattung

Die Bündelung großer „finanzieller, technologischer und intellektueller Ressourcen"[18] in nur einem Satelliten, wie dies bei ENVISAT der Fall ist, steht einem „exorbitant riskanten Unterfangen"[19] gegenüber und wird daher in Zukunft der Letzte seiner Art sein. Den Synergieeffekten zwischen den verschiedenen Instrumenten an Bord des Erdbeobachtungssatelliten, sowie den daraus sich ergebenen Einsparungen aufgrund der Tatsche, dass mit nur einem Start ein Vielzahl an Instrumenten befördert werden kann, stehen den möglichen Folgen gegenüber, die ein Fehlstart von ENVISAT zur Folge hätte.[20] „Mit 10 unterschiedlichen Instrumenten sollen Erdatmosphäre, Ozeane, Polarregionen sowie Veränderungen an Land parallel beobachtet werden, um daraus sowohl auf die natürlichen wie auf die von Menschen verursachten Einflüsse zu schließen. Die ENVISAT-Messdaten werden für eine Vielzahl relevanter Umweltfragen neue Erkenntnisse liefern: zur vermuteten globalen Erwärmung der Erde, zur Erforschung des Ozonlochs, der Versteppung oder Verwüstung von Landmassen und dem Abholzen von Regenwäldern, aber auch zum Bio-Inventar, der Verschmutzung der Meere und zur Entwicklung polarer Eisregionen"[21]. Die bei ENVISAT sich an Bord befindlichen Instrumente zur Erdbeobachtung waren bereits teilweise zuvor schon bei

---

[16] Welt der Wunder (2002): ENVISAT - Flaggschiff der Umweltforschung.
[17] vgl. Stein, Michael (2002): ENVISAT – Wie geht es weiter?
[18] vgl. Ebd..
[19] vgl. Stein, Michael (2002): ENVISAT – Wie geht es weiter?
[20] vgl. Ebd..
[21] Informationsdienst Wissenschaft (2002): Acht Tonnen für die Umweltforschung.

den beiden ERS 1 & 2 Satelliten im Einsatz. Die neu bei ENVISAT operierenden Instrumente werden nun im Folgenden bezüglich ihrer Aufgaben und Funktionalitäten erläutert (siehe Abbildung 6. im Anhang).

Das *Medium Resolution Imaging Spectrometer* ist hauptsächlich für ozeanographische Beobachtungen konzipiert worden. Des Weiteren ist das Beobachtungsinstrument in der Lage, Zustände und Prozesse in unserer Atmosphäre zu untersuchen. Allerdings sind andere Instrumente diesbezüglich besser in der Lage. Das abbildende Spektrometer MERIS misst die von der Erdoberfläche und den Wolken der Atmosphäre reflektierte Sonnenstrahlung mit einer räumlichen Auflösung von 300 m in 15 Spektralbändern von 390 bis 1040 nm im sichtbaren und nahen Infrarotbereich.[22] Mit MERIS kann die Erde alle drei Tage vollständig erfasst werden. Hauptaufgabe von MERIS ist die Messung der Meeresfarben in Ozeanen und Küstengebieten (siehe Abbildung 7. im Anhang). Aus diesen Daten können Messungen bezüglich der Chlorophyll-Pigment Konzentration der Meere gewonnen werden. Des Weiteren wird mittels MERIS Informationen über Vegetationsänderungen, Wolkeneigenschaften, Wasserdampfgehalt und Ozongehalt der Atmosphäre gewonnen.[23] Seit Mai 2006 steht mit *MIRAVI* der breiten Öffentlichkeit im Internet ein kostenloses Archiv mit den aktuellsten Bildern der Erde zur Verfügung.[24]

Der *Michelson Interferometer for Passive Atmospheric Sounding* ist vom Institut für Meteorologie und Klimaforschung des Forschungszentrums Karlsruhe für die Messung von Spurengasen in der Atmosphäre entwickelt worden. MIPAS ist daher in der Lage mittels Infrarotstrahlung verschiedenste Spurengasen zu erkennen. Dies ermöglich die Verteilung und Konzentration von Industrieabgasen und Treibhausgasen zu ermitteln. Durch SCIMACHY und GOMOS werden die Ergebnisse von MIPAS erweitert und ergänzt, wodurch wichtige Informationen über chemische und physikalische Prozesse der Stratosphäre gewonnen werden können. Die ESA wertet nur einig der Gase in Eigenverantwortung aus und macht die Ergebnisse den Wissenschaftlern weltweit zugänglich.[25]

An Bord von ENVISAT ist derzeit das einzige Satelliteninstrument, welches die vertikalen Säulen wichtiger Gase mit nahezu höhenunabhängiger Empfindlichkeit bis in

---

[22] vgl. Terra Human (2007): Unsere Umwelt aus der Sicht des ESA-Satelliten ENVISAT.
[23] vgl. Arbeitsgruppe Fernerkundung (2005): MERIS.
[24] vgl. Amt für Wirtschaft und Stadtentwicklung (2006): Die Erde in Quasi-Echtzeit auf dem heimischen Bildschirm.
[25] vgl. Informationsdienst Wissenschaft (2002): Acht Tonnen für die Umweltforschung.

die bodennahe Grenzschicht global messen kann. Es handelt sich hierbei um das unter deutscher Federführung entwickelte *Scanning Imaging Absorption Spectrometer for Atmospheric Chartography*. SCIMACHY misst die von Erdboden und Atmosphäre zurückgestreute Sonnenstrahlung im nahinfraroten Teil des Lichtspektrums. Aus diesen Messungen lassen sich die atmosphärischen Konzentrationen einer Vielzahl von Spurengasen bestimmen, die für die Luftqualität, den Treibhauseffekt und die Ozonchemie wichtig sind (siehe Abbildung 8. im Anhang). SCIMACHY ermöglicht, in den einzelnen Höhenschichten die weltweite Wanderung der Treibhausgase durch die Atmosphäre zu beobachten.[26]

Wie bei den ERS-Missionen zuvor, ist das aktive *Advanced Synthetic Aperture Radar* eines der Hauptnutzlast an Bord von ENVISAT. Das ASAR ist ein im C-Band bei 5,331 GHz operierender Radarsensor, welcher für die Erdbeobachtung eingesetzt wird und die Kontinuität der ERS-Daten sicher stellt. Das ASAR ist in der Lage in unterschiedlichen Einfallswinkeln und Polarisationen Bilder aufnehmen, da hierzu erstmals eine Panelantenne zum Einsatz kam. Die Radarantenne misst eine Länge von 10 m und besteht aus 20 Panels von je 0,65 x 1 m Größe. Jedes Panel hat 16 Subantennen. Zu den Aufgaben von ASAR zählen unter anderem die Beobachtung von Ozeanwellen, Meereseis und dessen Ausbreitung, Meeresverschmutzung durch Öl, Schnee- und Eisbedeckung, Oberflächentopographie, Landbedeckung und deren Entwicklung. Insgesamt kann das ASAR bei ENVISAT in drei verschiedenen Modi betrieben werden (siehe Abbildung 9. im Anhang). Im *Image Mode* kann das ASAR aus sieben Streifen auswählen, die separat anwählbar sind. Die Einfallswinkel variieren von 15 bis 45 Grad je nach gewählten Streifen. Der Radarimpuls vom ASAR kann sowohl mit vertikaler, als auch mit horizontaler Polarisation ausgesandt werden, wobei jedoch die jeweils gleiche Polarisation gesendet und empfangen werden muss. Die Auflösung im Image Mode beträgt bis zu 30 m bei einer Streifenbreite von bis zu 100 km. Das ASAR bei ENVISAT liefert somit das identische Produkt im Image Mode wie bei den ERS-Satelliten.[27] Beim *Wave Mode* wird derselbe Streifen und dieselbe Polarisation wie im Image Mode verwendet. Allerdings wird hierbei nicht der komplette Streifen aufgezeichnet, sondern in regelmäßiger Abfolge nur ein kleiner Ausschnitte von 5 x 5 km Größe mit einer Auflösung von 10 m aufgenommen. Diese Aufnahmemethode

---

[26] vgl. Deutsches Zentrum für Luft- und Raumfahrt (2007): CO2-Anstieg erstmals vom Weltraum aus beobachtet – Deutsches Instrument lieferte Daten.
[27] vgl. Deutsches Zentrum für Luft- und Raumfahrt (o. J.): ENVISAT – ASAR.

produziert nur kleine Datenmengen, sodass diese satellitenintern gespeichert werden können. Der *Wide-Swath Mode* dient der besseren globalen Beobachtung von Prozessen. „Durch eine elektronische Steuerung der Antenne ist es möglich, die Radaraufzeichnung auf mehrere Streifen aufzuteilen und eine volle Abdeckung für jeden einzelnen Streifen zu erhalten. In diesem Mode kann eine Streifenbreite von bis zu 400 km mit einer Auflösung von 150 m gescannt werden[28]“. Alternativ kann das ASAR noch sehr energiesparend im *Global Monitoring Mode* arbeiten. Hierbei werden Streifen von bis zu 400 km mit einer Auflösung von 1 km abgedeckt. Eine weitere Betriebsart des ASAR-Sensors ist der *Alternating Polarisation Mode*. Hierbei kann aus zwei zeitgleich aufgezeichneten Szenen aus allen möglichen Polarisationskombinationen (HH & VV, HH & HV oder VV & VH) gewählt werden. Die Auflösung beträgt 30 m bei einer Streifenbreite von bis zu 100 km.[29]

Bei *LRR, GOMOS, RA-2, MWR und AATSR* handelt es sich bei ENVISAT um die ähnlichen Instrumente, die bereits zuvor bei den ERS 1 & 2 Missionen zum Einsatz kamen. In dieser Hinsicht unterscheiden sich die Instrumente in ihrer Funktionalität nur kaum.[30]

3.2 <u>Kommerzieller Datenvertrieb</u>

Alle mittels ENVISAT erhobenen wissenschaftlichen Daten laufen beim European Space Research Institute in Frascati bei Rom zusammen. In den ersten fünf Jahren hat der von der Europäischen Weltraumorganisation ESA betriebene Umweltsatellit rund 500 Terabyte an Daten gesammelt. Die Messergebnisse werden in vier verschiedenen Qualitätsstufen aufbereitet, was zwischen weniger als drei Stunden und mehr als einen Monat in Anspruch nimmt. Im Anschluss erfolgt die Verteilung der Daten auf sechs Processing and Archiving Facilities zur weiteren Verarbeitung und Archivierung in verschiedene europäische Länder. Das deutsche Bearbeitungs- und Archivierungszentrum, D-PAC, ist beim DLR in Oberpfaffenhofen bei München angesiedelt. Dort erfolgt auch die Verteilung der wissenschaftlichen Daten an die

---

[28] vgl. Ebd..
[29] vgl. Deutsches Zentrum für Luft- und Raumfahrt (o. J.): ENVISAT – ASAR.
[30] Kunst und Kosmos (2007): Die Erde endlich verstehen lernen.

verschiedenen Forschergruppen. Unter dem Vorwand, dass sich die Wissenschaftler dazu verpflichten, die Daten für wissenschaftliche Zwecke einzusetzen und ihre Forschungsergebnisse zu veröffentlichen, erhalten diese die Daten kostenlos. Zur kommerziellen Datenverbreitung wurde im Auftrag der ESA zwei Unternehmen in Frankreich und Italien beauftragt.[31] Die Preise für ENVISAT-Daten sind ähnlich denen von ERS 1 & 2 und betragen je nach Aktualität, Auflösung, Modi und Polarisation zwischen 400 und 600 Euro.[32]

4. Radarsat 1 & 2

Bei Radarsat handelt es sich um den ersten zur kommerziellen Vermarktung betriebenen Erdbeobachtungssatelliten der kanadischen Weltraumorganisation. Im Jahre 1995 wurde Radarsat 1 speziell für die Beobachtung der arktischen Eisbedeckung in den Orbit gebracht und ursprünglich für eine Lebensdauer von fünf Jahren ausgelegt. Dieser ist nunmehr seit über zwölf Jahre im Einsatz und weiterhin voll funktionsfähig. Die künftige Datenkontinuität von den Radarsat-Satelliten wurde mit dem Start des zweiten Satelliten seiner Art gesichert. Ursprünglich sollte Radarsat 2 bereits im Jahre 2001 in Betrieb gehen, aber technische Schwierigkeiten verzögerten den Start um weitere sechs Jahre bis 2007. Radarsat 1 & 2 umkreisen die Erde etwa alle 100 Minuten in einer sonnensynchronen und nahezu polaren Umlaufbahn in 798 km Höhe bei einer Inklination von 98,6°. Radarsat wird hierbei dreimal am Tag die kanadische Arktis überqueren und von dieser Aufnahmen der Bildoberfläche machen. Bei den zuvor genannten Satelliten, ERS 1 & 2 und ENVISAT, handelte es sich mit ihrer Vielzahl an Instrumenten an Bord allesamt um Umweltbeobachtungssatelliten. Bei Radarsat handelt es sich nun um den ersten ausschließlich zur Erdbeobachtung ausgelegten Satelliten. Hierzu ist an Bord beider Satelliten eine SAR-Antenne die im C-Band bei 5,3 GHz operiert. Bei Radarsat ist das SAR in Funktionalität und Leistung in etwa gleich dem von ERS und ENVISAT. Die Auflösung bei Radarsat reicht von einer Scanbreite von 20 km bei 3 m Auflösung bis zu einer Scanbreite von 500 km bei 100 m Auflösung.[33] Die Preise für aktuelle Radarsat-Aufnahmen liegen je nach Auflösung und Scanbreite zwischen 3.600 und 4.500 US-Dollar.[34] Die SAR-Daten werden auf einem 300 GB

---

[31] vgl. Stein, Michael (2002): ENVISAT – Wie geht es weiter?
[32] vgl. Geoserve (2004): ERS-SAR Preise.
[33] vgl. Bernd Leitenberger (o. J.): Zivile Radar Erderkundungssatelliten.
[34] vgl. MacDonald, Dettwiler and Associates Ltd. (2007): Radarsat-1: Price List.

großen internen Speicher gespeichert und mittels zwei Kanälen im X-Band mit jeweils 100 MBit/Sek. zu den Bodenstationen in Kanada und den USA übertragen. Die hierbei erhaltenen Informationen dienen der Kartierung der Landwirt- und Forstwirtschaft, der Ozeanologie, dem Umweltschutz und zur Erkennung von Ölverschmutzungen auf dem Wasser.[35] Um die kanadischen Schifffahrtsrouten für militärische Zwecke, die Umweltbeobachtung und das Katastrophenmanagment zu bessern, sollen bereits ab dem Jahre 2012drei baugleiche Satelliten als *Radarsat Constellation Mission* gestartet werden (siehe Abbildung 10. im Anhang). Hierzu sind zur sicheren Bestimmung von Bewegungsraten möglichst lange und dichte Zeitreihen von Nöten.[36]

5. TerraSAR-X

Der unter deutscher Federführung am 15.06.2007 ins Weltall geschossene TerraSAR-X ist der erste im Rahmen einer öffentlich-privaten Partnerschaft zwischen DLR und EADS Astrium realisierte Fernerkundungssatellit. TerraSAR-X wird über eine Dauer von mindestens fünf Jahren hochwertige Radardaten der Erdoberfläche in brillierender Schärfe für die Forschung liefern. Darüber hinaus sollen die TerraSAR-X-Daten den stetig steigenden Bedarf der Privatwirtschaft und der öffentlichen Hand nach Fernerkundungsdaten für den kommerziellen Markt befriedigen. TerraSAR-X wird hierzu in einen 514 km hohen und nahezu sonnensynchronen polaren Orbit gebracht um mittels seiner aktiven SAR-Radarantenne, unabhängig von Wolkenbedeckung und Tageslicht, Erdoberflächenaufnahmen von bis zu einem Meter zu liefern. Der Allwettersatellit ist mittels der Radarantenne in der Lage alle Regionen der Erde streifenartig aufzunehmen, „bis er nach jeweils elf Tagen wieder seine ursprüngliche Position erreicht und ein neuer Zyklus beginnt"[37]. Unter Verwendung unterschiedlicher Blickwinkel kann jeder Punkt der Erde sogar innerhalb von nur zwei bis vier Tagen ins Visier genommen werden.[38] Die Steuerung des Satelliten unterliegt dem DLR in Weilheim, der Missionsbetrieb beim Deutschen Kontrollzentrum in Oberpfaffenhofen und der Datenempfang der DLR-Bodenstation in Neustrelitz.[39]

---

[35] vgl. Bernd Leitenberger (o. J.): Zivile Radar Erderkundungssatelliten.

[36] vgl. Der Orion (2007): Kanadischer Radarsatellit gestartet.

[37] European Aeronautic Defence and Space Company (o. J.): TerraSAR-X.

[38] vgl. Ebd..

[39] vgl. European Aeronautic Defence and Space Company (2006): TerraSAR-X: Das neue Radar-Auge für dir Erdbeobachtung.

5.1 <u>Instrumentelle Ausstattung</u>

Bei TerraSAR-X ist als primäre Nutzlast das *SAR* mit an Bord, welches während der Raumfahrtmission extrem detaillierte Radarbilder bei Tag und Nacht und bei jedem Wetter liefert. Mittels seiner aktiven Antenne macht die Technologie der aktiven und phasengesteuerten SAR-Antenne verschiedene Aufnahmemethoden möglich und ist zudem sehr flexibel einsetzbar. Während bei passiven Systemen der gesamte Satellit gedreht werden muss, um die Antenne auf das Zielgebiet auszurichten, kann die aktive Antenne von TerraSAR-X die Radarimpulse gezielt in eine bestimmte Richtung lenken und empfangen. Auf einer der Seiten des sechseckigen Satelliten ist die knapp fünf Meter lange und 80 Zentimeter breite SAR-Radarantenne montiert. Mittels dieser neuartigen Konstruktion wird auf einen aufwändigen Entfaltungsmechanismus im Orbit verzichtet. Die SAR-Antenne besteht aus zwölf Panels mit jeweils 32 Hohlleiterschlitzstrahlen. Jeder dieser Strahlen ist mit einem Transmit/Receive Module ausgestattet, sodass die Gesamtantenne aus 384 TRM besteht. Die mittels der Radarantenne aufgenommen Daten werden in einem TerraSAR-X internen Massenspeicher von 256 GB Kapazität abgelegt, bevor diese über ein 300 MBit/Sek. schnelles X-Band System zu den Bodenstationen übertragen werden. TerraSAR-X wird im X-Band bei einer Frequenz von 9,65 GHz betrieben und kann zwischenzeitlich in horizontaler und vertikaler Polarisationen wählen. Der SAR Sensor erlaubt es zudem unterschiedliche Aufnahmemethoden zu wählen, zwischen denen je nach Bedarf schnell umgeschaltet werden kann. Hierzu kann im *Spotlight-Modus* ein Gebiet von 5 bis 10 x 10 km Größe abgelichtet. Dabei wird eine maximale Auflösung von bis zu einem Meter erreicht (siehe Abbildung 11. im Anhang). Beim *Stripmap-Modus* tastet der Satellit einen Streifen der Erdoberfläche von 30 km breite und einer maximalen Länge von 1.500 km ab. Die Auflösung beträgt hierbei maximal drei Meter (siehe Abbildung 12. im Anhang). Im *ScanSAR-Modus* wird ein Erdstreifen von 100 km Breite und 1.500 km maximaler Länge mit einer Auflösung von 16 Metern abgetastet (siehe Abbildung 13. im Anhang). Zudem sind die Elemente des SAR-Instrumentes redundant ausgelegt worden, sodass zwei funktionale Elektronikketten existieren. Hierbei wird im *Dual Receive Antenna Mode* die Antenne elektrisch in zwei Hälften geteilt um die empfangenen Daten separat aufzuzeichnen und auszuwerten. Diese Technik ermöglicht Along Track Interferometrie, polarimetrische Datenerfassung und die Steigerung der geometrischen Auflösung. Die Preise für TerraSAR-X-Daten reichen je nach Auflösung und Scanbreite von 1.750 Euro im ScanSAR-Modus, über 2.750 Euro im Stripmap-Modus bis hin zu 3.750 Euro im Spotlight-Modus.[40]

Neben dem SAR-Instrument fliegen mit dem *Laser Communication Terminal* und dem *Tracking Occultation and Ranging Experiment* zwei zusätzliche Nutzlasten an Bord von TerraSAR-X mit. Das LCT ist ein „Technologie-Demonstrator, der zur In-Orbit Verifikation einer schnellen optischen Datenübertragung im Weltall eingesetzt werden soll.“[41] Mittels des LCT sollen Datenverbindungen zwischen TerraSAR-X und Bodenstationen hergestellt werden, um zeitnah große Datenmengen übertragen zu können. Zudem ist eine Satelliten-Relaisstation in Planung, sodass ein extrem schneller Datenaustauch rund um die Welt ermöglicht wird. Bei dem TOR-Experiment handelt es sich um eine Zusammenarbeit zwischen dem Forschungszentrum Potsdam und dem Center for Space Research der Universität Texas. Mittels eines Zweifrequenz-GPS Empfänger und einem Laserreflektor wird eine exakte Bahnbestimmung des Satellite von bis zu zehn Zentimetern Genauigkeit ermöglicht.[42]

5.2 <u>Finanzierung und Kommerzieller Datenvertrieb</u>

Bei TerraSAR-X handelt es sich um den ersten in Deutschland entwickelten Fernerkundungssatellit, der in Public Private Partnership zwischen dem DLR und der EADS Astrium finanziert wurde. Mit diesem soll insbesondere der stetig steigende Bedarf der Privatwirtschaft und der öffentlichen Hand nach Fernerkundungsdaten für den kommerziellen Markt befriedigt werden. Daher ist es das Ziel des nationalen Erdbeobachtungsprogramms, die Erhebung von Daten langfristig in private Hand zu überführen und ein sich selbst tragendes und nachhaltiges Geschäftsfeld zu eröffnen. In der Vergangenheit wurden solche Weltraumprojekte aufgrund hoher Kosten fast ausschließlich vom Staat finanziert. Mittlerweile werden jedoch mit zunehmendem Entwicklungstand spezielle Bereiche der Raumfahrt auch für den privaten Markt interessant.[43] TerraSAR-X kommen zwei wesentliche Aufgaben zu. Zu einem soll die Versorgung der wissenschaftlichen Gemeinschaft mit hochauflösenden SAR Aufnahmen gewährleistet bleiben. Denn Wissenschaftler und kommerzielle Nutzer

---

[40] vgl. Deutsches Zentrum für Luft- und Raumfahrt (2007): TerraSAR-X: Das deutsche Radar-Auge im All.
[41] Ebd..
[42] vgl. Ebd.
[43] vgl. Deutsches Zentrum für Luft- und Raumfahrt (2007): TerraSAR-X: Das deutsche Radar-Auge im All.

verlangen detailreiche Daten, die auf ihren jeweiligen Bedarf genau abgestimmt sind. TerraSAR-X wird demnach Datensätze neuer Qualität liefern, die für eine Fülle neuer Forschungsansätze in den Bereichen Ökologie, Geologie, Hydrologie und Ozeanographie sorgen werden. Darüberhinaus wird die hohe Auflösung von TerraSAR-X den Detaillierungsgrad von Aufnahmen deutlich verbessern, sodass einzelne Gebäude, Stadtstrukturen und Infrastrukturen wie Straßen und Eisenbahnlinien erkannt und kartiert werden können. Nach TerraSAR-X Daten besteht bereits eine weltweite Nachfrage von nationalen Kartierungsbehörden in aufstrebenden Ländern mit schlechtem Kartierungsstatus und von nachrichtendienstlichen Organisationen, die zunehmend mit großen Budgets auf Daten kommerzieller Anbieter zurückgreifen.[44] Die zweite Aufgabe ist in gemeinsamer Zusammenarbeit mit der Industrie einen Markt für Erdbeobachtungssatelliten zu schaffen, der seitens der Industrie aus den Profiten selbst finanziert werden kann.[45] Dieses Ziel einer solchen Public Private Partnership ist nur dann zu realisieren, wenn die „Kooperation gleichberechtigter Partner, in denen jeder einen Beitrag leistet, um durch das gemeinsame Projekt seinen eigenen Bedarf zu befriedigen"[46] gewährleistet ist. Bei dem Kooperationsprojekt zwischen DLR und EADS Astrium übernimmt das DLR „den Aufbau eines Satellitenbetriebssystems sowie des Kalibrierung- und des Bodensegmentes für den Empfang der Radardaten sowie deren Prozessierung, Archivierung, Kalibrierung und Verteilung"[47]. Desweiteren ist das DLR für den fünfjährigen Betrieb des Satelliten verantwortlich. EADS Astrium hingegen verpflichtet sich zum Aufbau eines Vertriebssystems und zur Kommerzialisierung der TerraSAR-X Daten und Produkte durch die Infoterra GmbH, einer 100-prozentigen Tochtergesellschaft der EADS Astrium. Hierfür müssen gegen Gehwährung der exklusiven Nutzungsrechte der TerraSAR-X-Daten sich EADS Astrium an den Entwicklungskosten und umsatzabhängig an den Satellitenbetriebskosten beteiligen. Die Gesamtkosten für Bau und Start des Satelliten belaufen sich daher insgesamt auf 130 Mio. Euro. Davon trägt das DLR 102 Mio. Euro und das Raumfahrtunternehmen Astrium steuert Eigenmittel in Höhe von 28 Mio. Euro bei.[48]

---

[44] vgl. European Aeronautic Defence and Space Company (2006): TanDEM-X – Landvermessung aus dem All.
[45] vgl. Bernd Leitenberger (o. J.): TerraSAR-X.
[46] European Aeronautic Defence and Space Company (o. J.): TerraSAR-X.
[47] Ebd..
[48] vgl. European Aeronautic Defence and Space Company (o. J.): TerraSAR-X.

5.3 <u>Ausblick</u>

Bereits in den 1990er Jahren wurde seitens der Raumfahrt mit ERS 1 & 2 und dem US Space Shuttle SRTM versucht die Erde aus dem All zu vermessen. Allerdings blieben die erzielten Genauigkeiten deutlich hinter den Erwartungen der Wissenschaftler zurück. Diese Lücke soll nun mittels des deutschen TanDEM-X Satelliten geschlossen werden. TanDEM-X wird demnach ein globales digitales Geländemodell der gesamten Erdoberfläche mit einer bislang nicht erreichten Genauigkeit erstellen. Hierzu soll TanDEM-X ab dem Jahr 2009 zusammen mit dem nahezu baugleichen Radar-Satelliten TerraSAR-X ein hochpräzises Radarinterferometer bilden (siehe Abbildung 14. im Anhang).[49] TanDEM-X stellt den ersten Schritt in Richtung einer Formation von Radar-Satelliten dar und wird Deutschlands führende Rolle auf dem Gebiet der SAR-Technologie nachhaltig stützen. Der entscheidende Vorteil dieser Art „satellitengestützten Vermessung der Erde liegt in der Erzeugung eines weltweit durchgehenden und homogenen Geländemodells ohne Brüche an Ländergrenzen oder an Inhomogenität, die aus unterschiedlichen Messverfahren und zeitlich gestaffelten Messkampagnen entstehen"[50]. Hierzu werden beide Satelliten in einer engen Konstellation mit nur wenigen hundert Metern Abstand in nahezu demselben Orbit fliegen. Dadurch wird nicht nur paralleler und unabhängiger Betrieb beider Satelliten möglich, sondern auch ein synchronisierter Betrieb realisierbar. Es wird möglich sein die komplette Erdoberfläche innerhalb von nur zweieinhalb Jahren vollständig zu vermessen. Das digitale Geländemodell wird in einem zwölf Meter großen Raster eine Höheninformation mit weniger als zwei Metern Genauigkeit liefern.[51] Beide Satelliten arbeiten diesbezüglich in einem bistatischen Betrieb, wobei „ein Satellit als Sender fungiert, aber beide Satelliten die zurückgestreuten Signale empfangen. Aus beiden überlagerten Signalen entsteht dann ein Interferogramm.[52] Das Projekt wird wie schon bei TerraSAR-X in einer Public-Private-Partnership zwischen EADS Astrium und DLR realisiert. Die öffentlich-private Partnerschaft regelt ebenfalls wieder die Finanzierung und Datennutzung der TanDEM-X-Daten. Für die exklusiven Vermarktungsrechte

---

[49] vgl. European Aeronautic Defence and Space Company (2006): TanDEM-X – Landvermessung aus dem All.

[50] European Aeronautic Defence and Space Company (2006): DLR und EADS Astrium geben Startschuss für die Mission des deutschen Satelliten TanDEM-X.

[51] vgl. European Aeronautic Defence and Space Company (2006): TanDEM-X – Landvermessung aus dem All.

[52] vgl. Berli News (o. J.): Erdbeobachtung aus dem Weltraum.

beteiligt sich EADS Astrium mit 26 Mio. Euro an dem knapp 85 Mio. Euro teuren
Satelliten.[53]

6. <u>Zusammenfassung und Fazit</u>

Die Fernerkundung mit Radarsatelliten bietet die Möglichkeit große Gebiete der Erde
recht zeitnah und weitgehend wetterunabhängig abzulichten. Insbesondere ist es für die
Wissenschaft und Forschung von immenser Bedeutung, in kontinuierlichen
Zeitintervallen unsere Erde mit konstanter Qualität zu erfassen, um dort sich
abspielende Prozess unseres Lebensraums verstehen zu können. Daher erscheint es von
großer Bedeutung, kontinuierlich operationell einsatzfähige Satelliten im Weltall zu
betreiben. Gegenwärtig sind in der Raumfahrtindustrie überwiegend Projekte in
Planung, die sich auf Konstellationsflüge mehrerer Satelliten gleichzeitig stützen, um
innerhalb kürzester Zeit die Erde zu erfassen. Konstellationsflüge dienen insbesondere
Regierungen und Behörden um als wachendes Auge aus dem Weltall zu fungieren, um
Ölverschmutzungen aufzudecken oder Schifffahrtsrouten zu überwachen. Bei dem
Umweltsatelliten ENVISAT handelt es sich mit seinen beeindruckenden Dimensionen
auf absehbarer Zeit um den Letzte seiner Art. Die Bündelung einer Vielzahl an
Messinstrumenten in nur einem Satelliten ist ein zu großes Unterfangen und bündelt zu
viele Risiken, sodass es zu einem Fehlstart kommen könnte. In Zukunft wird sich
Raumfahrtindustrie vermehrt auf spezialisierte Satelliten stürzen, da hierbei das Risiko
einer gescheiterten Mission kleiner erscheint. Auch werden sich die Leistungsfähigkeit,
die Präzision und die Zuverlässigkeit in absehbarer Zeit bei Radarsatelliten verbessern,
umso noch detailreichere Aufnahmen zu erhalten. Auch die Finanzierung von
Raumfahrtprojekten wird sich wandeln, sodass nicht mehr der Staat auf sich allein
gestellt die gesamten finanziellen Mittel aufbringen muss. Deutschland hat mit der
erstmaligen Finanzierung im Rahmen einer Public Private Partnership gezeigt, wie man
in Kooperation von nationaler Raumfahrtbehörde und Privatwirtschaft ein
Raumfahrtprojekt wie TerraSAR-X finanzieren kann.

---

[53] vgl. European Aeronautic Defence and Space Company (2006): DLR und EADS Astrium geben
Startschuss für die Mission des deutschen Satelliten TanDEM-X.

Literaturverzeichnis

Amt für Wirtschaft und Stadtentwicklung (2005): 10 Jahre ERS 2: Der weltbeste Ozonerkunder im besten Alter. http://www.dafacto.de/artikel/ww/02798/ [Stand 16.01.2008].

Amt für Wirtschaft und Stadtentwicklung (2006): Die Erde in Quasi-Echtzeit auf dem heimischen Bildschirm. http://www.dafacto.de/artikel/ww/06857 [21.01.2008].

Arbeitsgruppe Fernerkundung (2005): MERIS. http://www.rsrg.uni-bonn.de/RSRGwww/Deutsch/Satellitensteckbriefe/Meris.html [21.01.2008].

Berli News (o. J.): Erdbeobachtung aus dem Weltraum. http://www.berlinews.de/artikel.php?14955 [23.03.2008].

Canadian Space Agency (2007): Radarsat Constellation Mission. http://www.space.gc.ca/asc/eng/satellites/radarsat/description.asp [27.03.2008].

Committee on Earth Observation Satellites (o. J.): Volcanoes. http://ceos.cnes.fr:8100/cdrom-00/ceos1/casestud/cd_spot/volcano.htm [27.03.2008].

Der Orion (2007): Kanadischer Radarsatellit gestartet. http://www.der-orion.com/071217.html [Stand 25.01.2008].

Deutsches Zentrum für Luft- und Raumfahrt (2007): CO2-Anstieg erstmals vom Weltraum aus beobachtet – Deutsches Instrument lieferte Daten. http://www.dlr.de/desktopdefault.aspx/tabid-614/987_read-9092/ [21.01.2008].

Deutsches Zentrum für Luft- und Raumfahrt (2000): Die Shuttle Radar Topography Mission (SRTM). http://www.dlr.de/Portaldata/1/Resources/kinder_und_jugend/DLR_Schulinfo_02_2000.pdf [18.01.2008].

Deutsches Zentrum für Luft- und Raumfahrt (2006): DLR and Astrium sign contract for German satellite TanDEM-X. http://www.dlr.de/en/desktopdefault.aspx/tabid-1/86_read-4553/ [27.03.2008].

Deutsches Zentrum für Luft- und Raumfahrt (o. J.): ENVISAT – ASAR. http://www.dlr.de/caf/desktopdefault.aspx/tabid-2663/4003_read-5973/ [22.01.2008].

Deutsches Zentrum für Luft- und Raumfahrt (2007): TerraSAR-X: Das deutsche Radar-Auge im All. http://www.dlr.de/Portaldata/1/Resources/forschung_und_entwicklung/missionen/terrasar_x/TSX_brosch.pdf [23.03.2008].

Deutsches Zentrum für Luft- und Raumfahrt (2007): TerraSAR-X Modi. http://www.dlr.de/tsx/animations/bild_ge.htm [27.03.2008].

European Aeronautic Defence and Space Company (2006): 15 Jahre ERS-1 – Umweltforschung mit EADS SPACE. http://www.eads.com/1024/de/pressdb/archiv/2006/2006/20060714_space_ers1.html [Stand 16.01.2008].

European Aeronautic Defence and Space Company (2006): DLR und EADS Astrium geben Startschuss für die Mission des deutschen Satelliten TanDEM-X. http://www.eads.com/1024/de/pressdb/archiv/2006/2006/20060517_space_tandem x.html [23.03.2008].

European Aeronautic Defence and Space Company (2006): TanDEM-X – Landvermessung aus dem All. http://www.eads.com/1024/de/pressdb/archiv/2006/2006/2006_05_16_ila_space_ta nDEM-X.html [23.03.2008].

European Aeronautic Defence and Space Company (o. J.): TerraSAR-X. http://www.astrium.eads.net/families/daily-life-benefits/remote-sensing/terrasar-x-de [22.03.2008].

European Aeronautic Defence and Space Company (2006): TerraSAR-X: Das neue Radar-Auge für die Erdbeobachtung. http://www.eads.com/1024/de/pressdb/archiv/2006/2006/2006_05_16_ila_space_T erraSAR-X.html [Stand 23.03.2008].

European Space Agency (2002): ENVISAT. http://envisat.esa.int/instruments/tour-index/ [27.03.2008].

European Space Agency (2006): MWS: Microwave Sounder. http://earth.esa.int/brat/html/missions/ers1/instruments/mws_en.html [Stand 16.01.2008].

European Space Agency (2002): The ERS Mission. http://envisat.esa.int/support-docs/ers-missions/ers-missions.html [Stand 17.01.2008].

Geoforschungszentrum Potsdam (o. J.):

Geoserve (2004): ERS-SAR Preise. http://www.geoserve.nl/Duits/dPrice_ERS_Envisat.htm [28.03.2008].

Informationsdienst Wissenschaft (2002): Acht Tonnen für die Umweltforschung. http://idw-online.de/pages/de/news44973 [21.01.2008].

Informationsdienst Wissenschaft (1995): PRARE auf dem europäischen Fernerkundungssatelliten ERS-2. http://idw-online.de/pages/de/news2064 [Stand 17.01.2008].

Jet Propulsion Laboratory (2000): Shaded relief of Bahia State, Brazil. http://photojournal.jpl.nasa.gov/catalog/PIA02704 [27.03.2008].

KMNI (2002): O_3-Verteilung am 26 September 2002 weltweit. http://kodac.knmi.nl/kodac/pages/example/lv4_o3col2002092612_gome.gif [27.03.2008].

Kunst und Kosmos (2007): Die Erde endlich verstehen lernen. http://www.kunstundkosmos.de/Astronomie/Envisat.html [22.01.2008].

Landmap (2006): ASAR-Modi bei ENVISAT. http://www.landmap.ac.uk/envisat/background.htm [27.03.2008].

Leitenberger, Bernd (o. J.): TerraSAR-X. http://www.bernd-leitenberger.de/terrasar.shtml [22.03.2008].

Leitenberger, Bernd (o. J.): Zivile Radar Erderkundungssatelliten. http://www.bernd-leitenberger.de/radarsatelliten.shtml [Stand 17.01.2008].

Lexikon der Fernerkundung (o. J.): Radar Altimeter. http://www.fe-lexikon.info/lexikon-r.htm#ra2 [Stand 16.01.2008].

Lexikon der Fernerkundung (o. J.): Scatterometer. http://www.fe-lexikon.info/lexikon-s.htm#scatterometer [Stand 17.01.2008].

Ludwig-Maximilians-Universität München (2006): Nutzung satellitengestützter SAR-Daten und des CMOD4-Modells zur Untersuchung des lokalen Windfeldes in der Umgebung von Offshore-Windparks. http://edoc.ub.uni-muenchen.de/6551/1/Schneiderhan_Tobias.pdf [18.01.2008].

MacDonald, Dettwiler and Associates Ltd. (2007): Radarsat-1: Price List. http://gs.mdacorporation.com/products/sensor/radarsat/rs1_price_ca.asp [28.03.2008].

Ruprecht Karls Universität Heidelberg (2001): GOME – Unbestechliches Auge im All. http://www.uni-heidelberg.de/presse/ruca/ruca2_2001/wagner_platt.html [Stand 17.01.2008].

Rheinische Friedrich-Wilhelms-Universität Bonn (o. J.): Fernerkundung mit Radarinterferometrie. http://hss.ulb.uni-bonn.de/diss_online/math_nat_fak/2004/kircher_michaela/teil2.pdf [Stand 17.01.2008].

Short, Nicholas M. (o. J.): Other Remote Sensing Systems - Radar and Thermal
Systems. http://rst.gsfc.nasa.gov/Intro/ERS-1_Instrument.jpg [27.03.2008].

Scienceticker (2007): Schwimmende Tang-Teppiche aus dem All erspäht.
http://www.scienceticker.info/2007/06/07/schwimmende-tang-teppiche-aus-dem-all-erspaeht/ [27.03.2008].

Stein, Michael (2002): ENVISAT - Eine Missionsübersicht.
http://www.raumfahrer.net/raumfahrt/envisat/ablauf.shtml [Stand 19.01.2008].

Stein, Michael (2002): ENVISAT – Wie geht es weiter?
http://www.raumfahrer.net/raumfahrt/envisat/weiter.shtml [Stand 19.01.2008].

Terra Human (2007): Unsere Umwelt aus der Sicht des ESA-Satelliten ENVISAT.
http://www.terra-human.de/journal/web_entry.php?id=446 [21.01.2008].

Welt der Wunder (2002): ENVISAT - Flaggschiff der Umweltforschung.
http://www.weltderwunder.de/wdw/RaumfahrtWelt/Forschung/ENVISAT/ [Stand 19.01.2008].

World Meteorological Organization (o. J.): Nitrogen Oxides.
http://www.wmo.ch/pages/prog/arep/gaw/reactive_gases.html [27.03.2008].

Abbildung 1: ERS 1

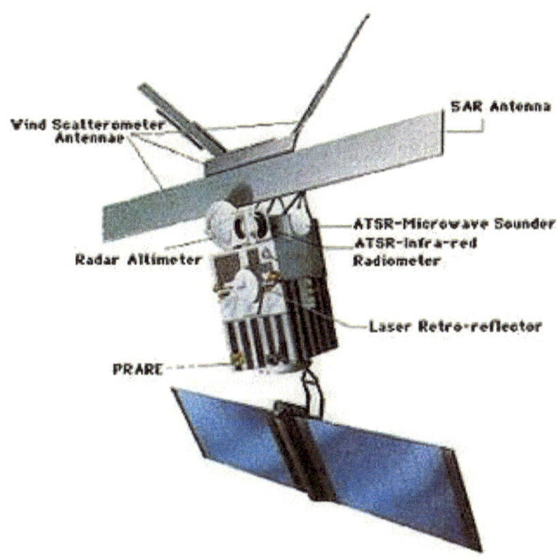

Quelle: Short, Nicholas M. (o. J.): Other Remote Sensing Systems - Radar and Thermal Systems.

Abbildung 2: O_3-Verteilung am 26.September 2002 weltweit

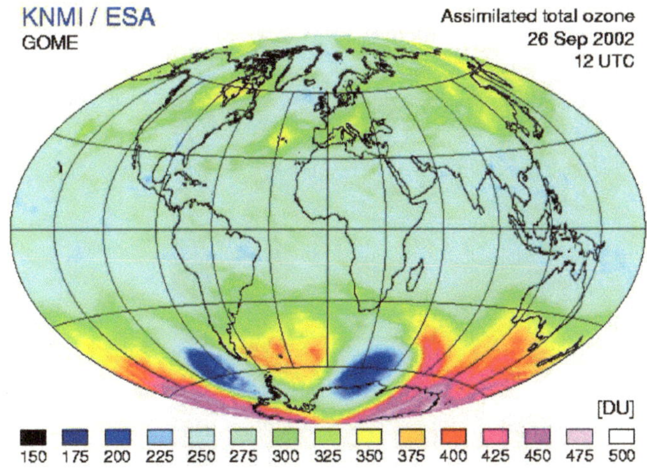

Quelle: KMNI (2002): O_3-Verteilung am 26 September 2002 weltweit.

<u>Abbildung 3:</u> Dreidimensionale Darstellung der Beleuchtungsgeometrie der ERS-
Satelliten

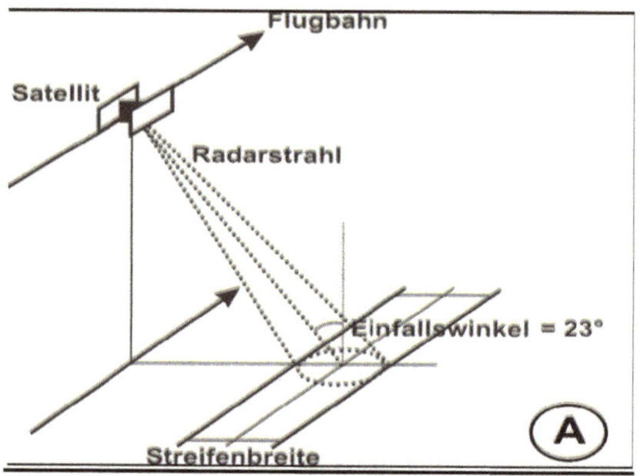

<u>Quelle:</u> Ludwig-Maximilians-Universität München (2006): Nutzung satellitengestützter SAR-Daten und
des CMOD4-Modells zur Untersuchung des lokalen Windfeldes in der Umgebung von Offshore-
Windparks.

<u>Abbildung 4:</u> Interferogramm eines Vulkans mittels Tandem ERS-1 & ERS-2

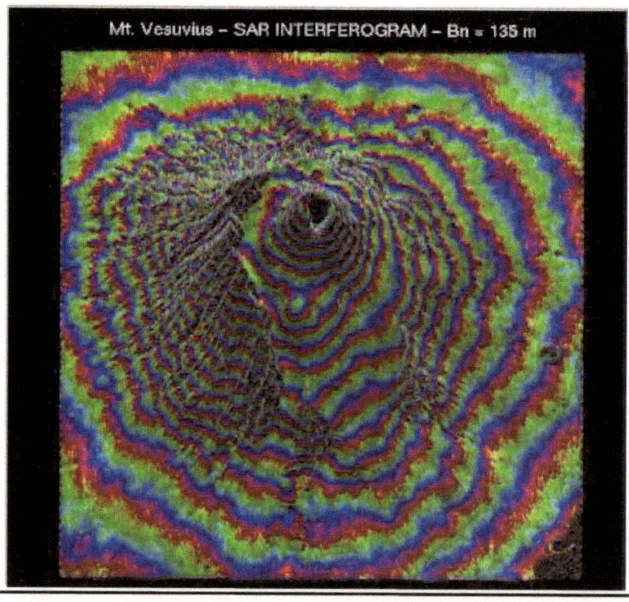

<u>Quelle:</u> Committee on Earth Observation Satellites (o. J.): Volcanoes.

Abbildung 5: Shaded relief of Bahia State, Brazil

Quelle: Jet Propulsion Laboratory (2000): Shaded relief of Bahia State, Brazil.

Abbildung 6: ENVISAT

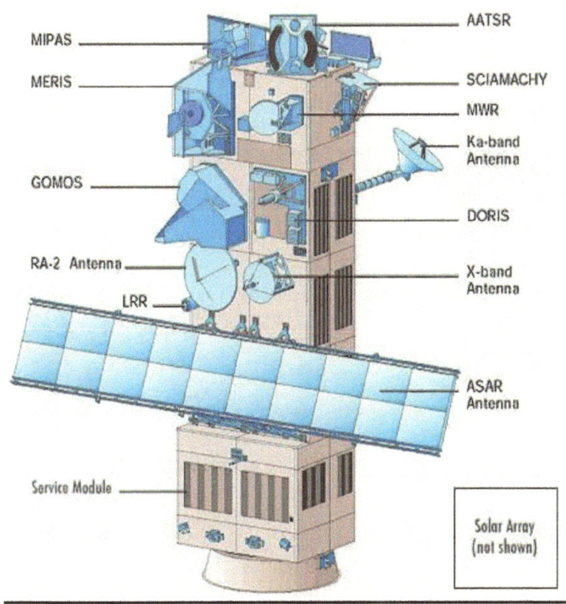

Quelle: European Space Agency (2002): ENVISAT.

<u>Abbildung 7:</u> MERIS spürt Sargassum-Algen auf

Quelle: Scienceticker (2007): Schwimmende Tang-Teppiche aus dem All erspäht.

<u>Abbildung 8:</u> Nitrogen Oxides (NOx)

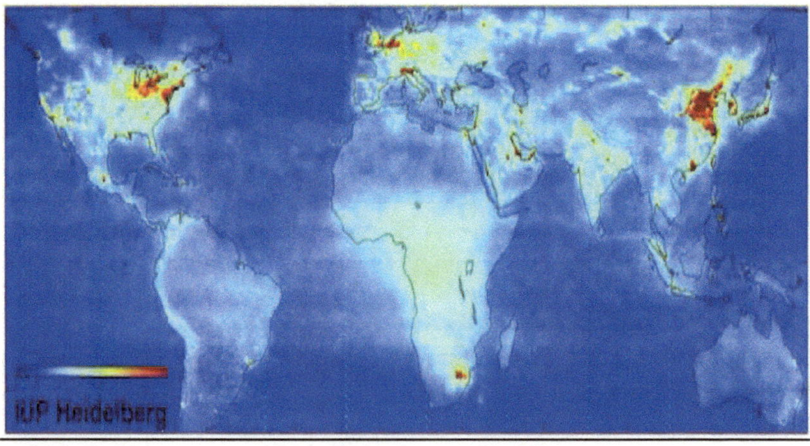

Quelle: World Meteorological Organization (o. J.): Nitrogen Oxides.

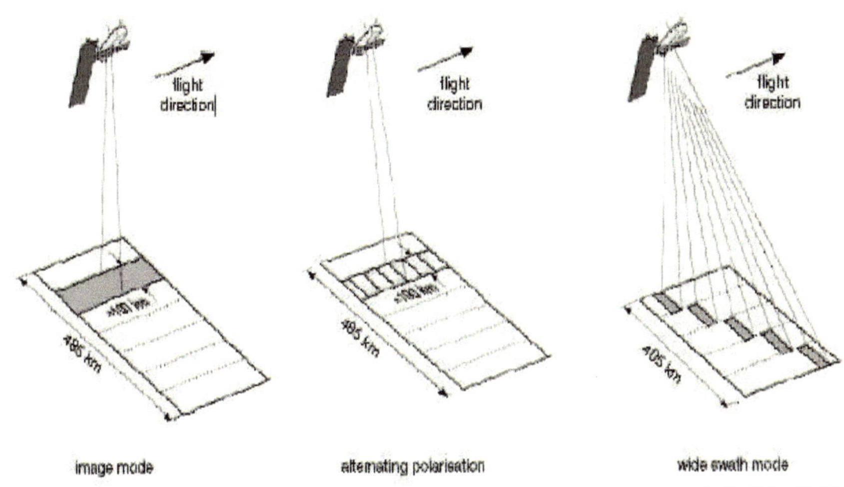

Quelle: Landmap (2006): ASAR-Modi bei ENVISAT.

Abbildung 10: Radarsat Constellation Mission – Imaging Modes

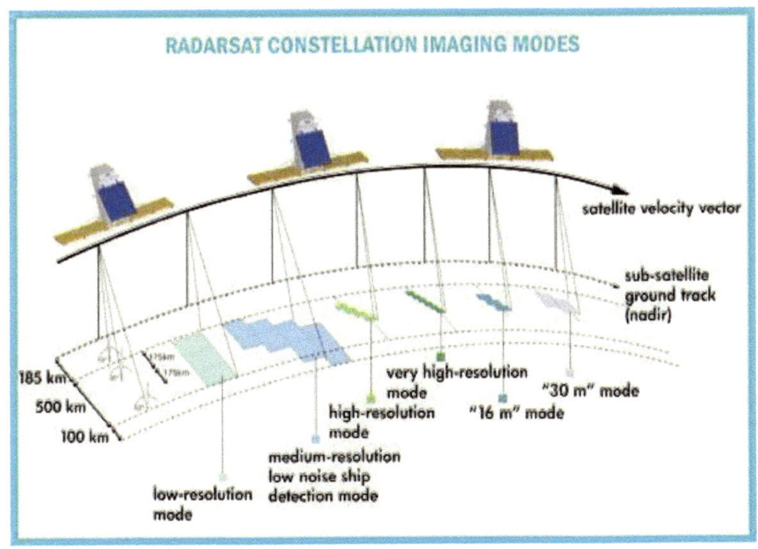

Quelle: Canadian Space Agency (2007): Radarsat Constellation Mission.

Abbildung 11: TerraSAR-X: Spotlight-Modus

Quelle: Deutsches Zentrum für Luft- und Raumfahrt (2007): TerraSAR-X Modi.

Abbildung 12: TerraSAR-X - Stripmap-Modus

Quelle: Deutsches Zentrum für Luft- und Raumfahrt (2007): TerraSAR-X Modi.

Abbildung 13: TerraSAR-X – ScanSAR-Modus

Quelle: Deutsches Zentrum für Luft- und Raumfahrt (2007): TerraSAR-X Modi.

Abbildung 14: TanDEM-X

Quelle: Deutsches Zentrum für Luft- und Raumfahrt (2006): DLR and Astrium sign contract for German satellite TanDEM-X.